Sitzungsberichte
der Akademie der Wissenschaften
der DDR
Mathematik – Naturwissenschaften – Technik

21 N
1981

Manfred Schubert

Zur Entwicklung abprodukt-armer bzw. -freier Verfahren in Einheit von Umweltschutz, Material- und Energieökonomie

AKADEMIE-VERLAG · BERLIN

Sitzungsberichte
der Akademie der Wissenschaften
der DDR
Mathematik — Naturwissenschaften — Technik

Jahrgang 1981 · Nr. 21/N

Manfred Schubert

Zur Entwicklung abproduktarmer bzw. -freier Verfahren in Einheit von Umweltschutz, Material- und Energieökonomie

AKADEMIE-VERLAG · BERLIN
1982

Überarbeitete Fassung eines Vortrages auf der Sitzung
der Klasse Umweltschutz und Umweltgestaltung
der Akademie der Wissenschaften der DDR am 20. 11. 1980
von Manfred Schubert, Korrespondierendes Mitglied der Akademie
der Wissenschaften der DDR

Herausgegeben im Auftrage
des Präsidenten der Akademie
der Wissenschaften der DDR
von Vizepräsident Prof. Dr. Heinrich Scheel

ISSN 0138—3956
Erschienen im Akademie-Verlag, 1086 Berlin, Leipziger Str. 3—4

Lizenznummer: 202 · 100/52/82
Gesamtherstellung: VEB Druckhaus Köthen
Bestellnummer: 763'067 5 (2010/81/21/N) · LSV 4575
Printed in GDR
DDR 3,50 M

Das Thema hat große volkswirtschaftliche und, wie sich inzwischen auch herausgestellt hat, gesamtgesellschaftliche Bedeutung. Deshalb haben auch die Arbeiten dazu insbesondere seit 1975 an verschiedenen Stellen in der Welt, vor allem in den hochindustrialisierten Ländern, einen bedeutenden Umfang erreicht.

Seit 1976 gilt eine sowohl vom RGW als auch innerhalb der ECE (Europäische Wirtschaftskommission) der UNO festgelegte Definition: „Die abfallfreie (abproduktfreie) Technologie ist die praktische Anwendung von Wissen, Methoden und Mitteln, um im Rahmen der menschlichen Bedürfnisse die rationellste Nutzung der Naturressourcen und Energien und den Schutz der Umwelt zu gewährleisten." [8]

Ich befasse mich nicht näher mit der Frage, ob es richtiger ist, von Abprodukten oder Abfällen zu sprechen, gebe aber dem Wort „Abprodukt" den Vorzug, weil es die Ausdrucksweise in unseren gesetzlichen Grundlagen geworden ist. Ich möchte auch nicht darüber streiten, ob es angebracht ist, als unbedingte Zielstellung immer wieder eine abproduktfreie Technologie zu erwähnen, weil dies in der Summe der Maßnahmen sicher nicht möglich ist. Es gibt aber schon viele einzelne Beispiele technologischer Verfahren, für die die Bezeichnung „abproduktfrei" zutrifft. Ich halte es deshalb für richtig, bei der Zielstellung immer von abproduktarmen bzw. abproduktfreien technologischen Verfahren oder abproduktarmer bzw. abproduktfreier Technologie zu sprechen.

Immer wieder Gegenstand von Diskussionen ist auch die Frage, ob man von abproduktarmer bzw. abproduktfreier Technologie nur sprechen sollte, wenn im strengen Sinne das Verfahren so gestaltet wird, oder ob es legitim ist, auch alle Maßnahmen unter dieser Überschrift zusammenzufassen, die das sogenannte „Recycling" (Rückführung) einbeziehen. Ich halte die Einbeziehung des Recycling für richtig, weil dadurch unter Beachtung ökonomischer Grundsätze oft erst die bessere Lösung ermöglicht wird.

Ich bin nicht einverstanden mit einer Definition, die im Wörterbuch der Terminologie im Umweltschutz in sieben Sprachen enthalten ist und wie folgt lautet: Abproduktfreie Technologien sind „technologische Prozesse mit komplexer Nutzung aller Arten von Rückständen, die in der Produktion entstehen, um eine Vielfalt von Waren zu produzieren" [10]. Ich halte diese Definition für zu eng, obwohl sie das Recycling einbezieht.

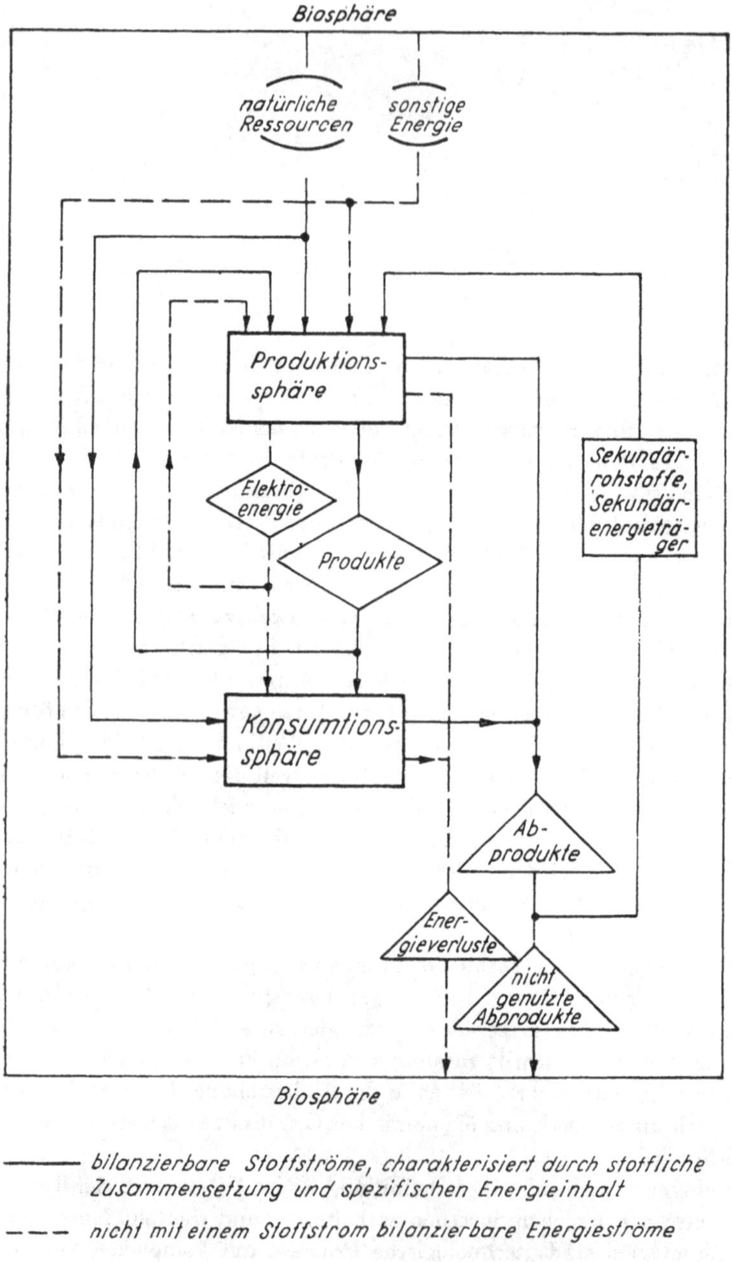

Abb. 1 Stoff- und Energieströme zwischen Biosphäre, Produktionssphäre und Konsumtionssphäre

Zu dem Thema gibt es eine zunehmende Zahl von Veröffentlichungen. Im Sinne der vorgegebenen Definition wird immer deutlicher, daß es dabei nicht vorrangig um eine Strategie für den modernen Umweltschutz geht, sondern gleichzeitig um eine hohe Material- und Energieökonomie. Als Beispiel möchte ich die Veröffentlichung von Keil, Friedrich, Grossmann und Klare [9] erwähnen.

Weiterhin wird immer deutlicher, daß es sich auf keinen Fall um eine Aufgabe der Ingenieurwissenschaften allein handelt, sondern interdisziplinär ganz besonders herausfordert die Gesellschaftswissenschaft, die Naturwissenschaft, die Ingenieurwissenschaften und die Medizin, um nur die wichtigsten Gebiete zu nennen. Von einer anderen Seite her betrachtet wird das Thema zur Aufgabenstellung für alle staatlichen und gesellschaftlichen Kräfte, wie es auch vom Generalsekretär der SED, Genossen Erich Honecker, als Bestandteil des ersten Punktes der ökonomischen Strategie zur Entwicklung der Volkswirtschaft der DDR formuliert wurde: „Folgende Entwicklungslinien stehen für unser Land im Vordergrund: ... neue energiesparende Verfahren, die maximal Wertstoffe aus Rohstoffen gewinnen, Verfahren für die Rückgewinnung der metallischen und chemischen Grundsubstanzen aus Sekundärrohstoffen und die Schaffung geschlossener Stoffkreisläufe“ [6]. Der Vorsitzende des Ministerrates der DDR, Genosse Willi Stoph, führte dazu aus: „Sekundärrohstoffe und Abprodukte gegenwärtiger Technologien sind im hohen Maße für die Wiederverwendung als Rohstoffe, Zwischenprodukte und — wo das möglich ist — als Endprodukte bereitzustellen. Es kommt darauf an, mit Hilfe wissenschaftlich-technischer Arbeit auf allen Gebieten die Rohstoffkreisläufe mit höchster Effektivität zu gestalten.“ [18]

Und in der Direktive des ZK der SED zum nächsten Fünfjahrplan wird gefordert: „Effektivste Nutzung und höchstmögliche Veredlung der zur Verfügung stehenden Rohstoffe sowie maximale Wiederverwendung von Sekundärrohstoffen und Abprodukten“ [16].

Schließlich wird in den Hauptrichtungen der wirtschaftlichen und sozialen Entwicklung der UdSSR für die Jahre 1981—1985 und für den Zeitraum bis 1990 zur Entwicklung der Wissenschaft und Beschleunigung des wissenschaftlich-technischen Fortschrittes gefordert, „operations- und abfallarme bzw. abfallfreie technologische Prozesse auf eine großzügigere Art anzuwenden“ [21].

Soviel zur Bedeutung der Aufgabenstellung; bis auf einige aktuelle Zahlen im folgenden Abschnitt, die das oben angeführte unterstreichen, sehe ich von weiteren allgemeinen Erläuterungen ab und setze besonders die Kenntnis voraus

— des Vortrags unseres Mitglieds der Akademie der Wissenschaften Hans-Günther Riedel (†) zum Thema „Aspekte technischer Stoffkreisläufe und abproduktarmer Technologien im System Umweltschutz/Umweltgestaltung und effektiver Energetik“ vom 8. 6. 1978 und

— des Vortrags unseres Mitglieds der Akademie der Wissenschaften Hans Mottek zum Thema „Ökonomie und Umwelt“ vom 25. 10. 1979.

Grundlage für meine Ausführungen sind:

— Erstens eigene Arbeiten und Veröffentlichungen von einem Kollektiv im Wissenschaftsbereich „Thermische Verfahrenstechnik und Umweltschutztechnik" der Sektion Verarbeitungs- und Verfahrenstechnik der TU Dresden, die vor ca. 8 Jahren unter der damaligen Überschrift „Technologische Beeinflussung des Umweltschutzes" unter meiner Leitung begonnen wurden. Insbesondere möchte ich im Rahmen dieses Kollektivs, in dem viele Studenten mitgearbeitet haben und noch beteiligt sind, Prof. Dr. sc. techn. P. Lötzsch, Dr.-Ing. J. Wotte, Dr.-Ing. G. Busch, Dr.-Ing. R. Tietze und Dipl.-Ing. B. Siegel hervorheben.

— Zweitens einige Beispiele bisheriger Ergebnisse der Durchsetzung der abproduktarmen bzw. abproduktfreien Technologie. Dabei stelle ich gegenwärtige Probleme bei ihrer Überführung in die Produktion dar. Außerdem gebe ich einen kurzen, aufs Thema bezogenen Ausblick auf Tendenzen und Anforderungen, wie sie sich in der DDR, im RGW und in den Organen der UNO abzeichnen.

Insgesamt möchte ich mit diesem Beitrag einen Teil meiner Forschungsarbeiten vorstellen.

Gegenwärtig fallen in der DDR ca. 400 verschiedene Arten von industriellen Abprodukten im Umfang von etwa 70 Millionen t an. Entsprechend der Zielstellung des vergangenen Fünfjahrplans sollte der Verwertungsgrad der Abprodukte von ca. 24% (1975) auf 30% (1980) erhöht werden. Oder anders ausgedrückt: Anstatt Rohstoffe im Wert von 2,5 Milliarden Mark 1975 sollten Rohstoffe im Wert von 3,1 Milliarden Mark 1980 durch Sekundärrohstoffe ersetzt werden, wobei die Preisentwicklung seit 1975 dabei nicht berücksichtigt ist und der wirkliche Betrag für 1980 also weit höher liegen wird. Auf die gegenwärtige Menge anfallender Abprodukte wäre der Umfang zu verwertender Abprodukte 1980 also 21 Millionen Tonnen. Diese Aufgabenstellung ist übererfüllt worden. Auf dem X. Parteitag der SED wurde darauf aufbauend die Aufgabe gestellt, bis 1985 29 bis 30 Millionen Tonnen Abprodukte bzw. Sekundärrohstoffe zu nutzen.

Für die noch nicht genutzten Abprodukte gilt auf der Basis der 6. DVO zum Landeskulturgesetz aus dem Jahre 1975 [14] und den inzwischen erlassenen Nachfolgebestimmungen [15]: Ein Abprodukt darf nur dann beseitigt werden, wenn auf Grund des wissenschaftlich-technischen Entwicklungsstandes eine Verwertung nicht möglich ist. Beim Antrag auf Beseitigung eines Abproduktes ist deshalb ein Nachweis der Nichtverwertbarkeit zu erbringen.

Aus diesen gesetzlichen Festlegungen ist unmittelbar die hohe Verantwortung der Wissenschaftler, Ingenieure und Ökonomen der wissenschaftlich-technischen Arbeit überhaupt abzuleiten.

In Verbindung mit der Zielstellung, zu abproduktarmen bzw. abproduktfreien technologischen Verfahren zu kommen, lassen sich quantitative Angaben über Fortschritte direkt bei der Verfahrensgestaltung bisher nur sehr beispielhaft angeben. Die Problematik und die gegenwärtige Situation werden deshalb deutlich, wenn man Zielstellung und Ergebnisse auch an Hand der Verwertung von Abprodukten, die sich außerhalb der Produktionssphäre befinden, d. h. in Verbindung mit dem Recycling darstellt.

Dazu sollen noch folgende Zahlen für das Sekundärrohstoffaufkommen in der DDR dienen:

Tabelle 1 Aufkommen an Sekundärrohstoffen (Inlandserfassung plus Import plus Bestände) (nach [20])

Sekundärrohstoff	ME	1971	1978	1979
Stahlschrott	1000 t	4695,2	5873,2	6099,4
Gußbruch	1000 t	381,0	496,9	483,3
Kupferschrott (Metallgehalt)	1000 t	44,0	52,2	54,2
Zinkschrott (Metallgehalt)	1000 t	20,6	19,3	18,5
Bleischrott (Metallgehalt)	1000 t	34,1	44,5	41,5
Aluminiumschrott (Metallgehalt)	1000 t	41,3	52,6	52,9
Altpapier	1000 t	443,2	636,7	627,0
Alttextilien	1000 t	107,2	132,9	117,3
Rücklaufflaschen	Mio Stück	293,5	461,5	457,2
Rücklaufgläser	Mio Stück	157,3	277,8	258,0

Bemerkenswert ist die fallende Tendenz bei fast allen Sekundärrohstoffarten. Dies ist auf den gestiegenen Verwertungsgrad innerhalb der Produktion zurückzuführen. Durch die erhöhten Aufkaufpreise wird jedoch 1980 sicher ein erhöhtes Aufkommen zu verzeichnen sein.

Interessant ist auch der Anfall und der Verwertungsgrad von Abprodukten, zusammengefaßt nach Stoffgruppen für das Jahr 1977. (Tab. 2)

Nach der Verdeutlichung der Aufgabenstellung möchte ich jetzt zu einigen Teilproblemen, besonders in Verbindung mit den Arbeiten am Wissenschaftsbereich „Thermische Verfahrenstechnik und Umweltschutztechnik" kommen und als erstes dazu unsere Arbeiten zum Thema „Möglichkeiten der Verbindung von Produktionssphäre und Territorium am Beispiel systemanalytischer Untersuchungen eines territorial-technologischen Komplexes im Raum Dresden" erläutern.

Tabelle 2 Anfall und Verwertungsgrad von Abprodukten (DDR, 1977) (nach [4])

Stoffgruppe	Anteil am Gesamtanfall (in %)	Verwertungsgrad (in %)
Verbrennungs- und Schmelzrückstände	32,6	35
Silikatische Abprodukte (einschließlich Bergbaurückstände)	45,1	18
Metallische Sekundärrohstoffe	8,0	100
Glas- und Keramikabfälle	0,6	49
Plast- und Elastabfälle	0,6	76
Textil- und Lederabfälle	0,2	87
Schlämme	4,7	12
Flüssige Abprodukte	3,1	81
Holzabfälle, Altpapier und sonstige Abprodukte	5,1	35

Ausgangspunkt für diese Arbeit war für mich eine Veröffentlichung von KAFAROV [7] zu den Ergebnissen systemanalytischer Untersuchungen in Betrieben und Kombinaten in der Sowjetunion. Darin wird auf überraschend gute Ergebnisse verwiesen, wie durch systemanalytische Untersuchungen Material- und Energieeinsparungen in Verbindung mit dem Umweltschutz zustande gekommen sind. Daraus leiteten wir einerseits die Aufgabenstellung ab, ähnliche Untersuchungen für Betriebe und Kombinate der DDR durchzuführen, und begannen andererseits Untersuchungen zu einer systemanalytischen Untersuchung der Produktionssphäre gemeinsam mit einem abzugrenzenden Territorium, auf dem sich diese Betriebe und Kombinate befinden. Dies sollte zu ebenfalls besseren Ergebnissen führen, wie sie vor einiger Zeit durch die Erweiterung der Betrachtung auf die Produktionssphäre unter Einbeziehung der Konsumtionssphäre zustande gekommen waren.

Bisherige Ergebnisse zeigen Folgendes am Beispiel der Untersuchungen eines Schwerpunktgebietes im Raum der oberen Elbe. Dabei handelt es sich um ein Territorium mit 48 Betrieben, davon 21 Betriebe mit vorwiegend stoffwandelndem Charakter im Raum Heidenau-Pirna, wie z. B. den volkseigenen Betrieben Kunstseidenwerk „Siegfried Rädel“ Pirna; Vereinigte Zellstoffwerke Pirna; Vereinigte Papierfabriken Heidenau; Vereinigte Klebstoffwerke Pirna; Chemiewerk Nünchritz, Betriebsteil Dohna (Fluorwerke); Chemische Fabrik Pirna-Copitz; Graphit Produkte Dohna; Reifenwerk Heidenau.

Insgesamt wurden die 21 Betriebe mit stoffwandelndem Charakter näher untersucht. Ziel der Untersuchung war es dabei, von eventuell gegebenen neue Möglichkeiten der Verflechtungsvarianten für Rohstoff-, Energie-, Produkt- und Abproduktströme zu finden. Dabei sollte sich zeigen, ob und wie die gemeinsame Betrachtung mehrerer Betriebe in Verbindung mit dem Territorium zu einer höheren Effektivität führt. Basis für die Untersuchung ist die Definition eines verfahrenstechnischen Systems: „Ein verfahrenstechnisches System ist ein durch Kopplung von Elementen gebildetes materielles Objekt; wobei die Elemente dadurch gekennzeichnet sind, daß sie der Stoffwandlung, -vor- und -nachbereitung dienen und die Kopplungen durch Stoff-, Energie- und Informationsübertragungen zwischen diesen Elementen hergestellt werden."

Dies ist eine ähnliche Definition, wie sie auch die Definition des Begriffes „Systemtechnik" wiedergibt, die lautet: Systemtechnik befaßt sich „mit miteinander zusammenhängenden und untereinander verbundenen Elementen ..., die ein funktionelles Ganzes darstellen" [3].

Die durchgeführte Untersuchung der 21 ausgewählten Betriebe bzw. Kombinate ergab bisher, daß die erwarteten technologischen, stofflichen bzw. energetischen Verflechtungen nicht vorhanden sind. Das bedeutet, daß z. B. der VEB Chemische Fabrik Pirna-Copitz ungestört weiter existieren ud produzieren könnte, wenn alle anderen 20 Betriebe nicht mehr vorhanden wären (ebenso könnte jedes beliebige andere Beispiel gewählt werden). Es werden innerhalb des Territoriums durch die untersuchten Betriebe gegenseitig keine Produkte, Zwischenprodukte oder Abprodukte genutzt.

Eine gegenseitige Beeinflussung der betrachteten Betriebe bzw. Teilsysteme durch Emissionen in den Luftraum tritt technologisch wirksam nicht auf. Eine solche Art der Verflechtung wäre beispielsweise denkbar, wenn im betrachteten Territorium ein Betrieb der Mikroelektronik angesiedelt wäre, in dem entsprechende Emissionen zu Beeinträchtigungen, d. h. zur Beeinflussung der Produktion führen würden.

Es liegt hingegen eine gegenseitige Beeinflussung der betrachteten Betriebe bzw. Teilsysteme durch Abwasseremissionen vor: Die Betriebe decken ihren Wasserbedarf auf unterschiedliche Weise

— durch Aufbereitung von Oberflächenwasser,
— durch Eigengewinnung von Grundwasser,
— durch Entnahme aus dem Trinkwassernetz.

Die Betriebe entnehmen dabei einerseits zum Teil große Mengen Wasser aus dem Trinkwassernetz, andererseits verwenden sie hochwertiges Grundwasser zu Produktionszwecken. Das anfallende Abwasser wird direkt oder über eine Kanalisation mehr oder weniger gereinigt in die zur Verfügung stehenden Vorfluter geleitet, die letzten Endes alle in die Elbe münden.

Auf Grund der geographischen Lage zueinander wird das eingeleitete Abwasser anteilig von nachfolgend am Vorfluter angeordneten Betrieben wieder aufgenommen und in der betrieblichen Wasseraufbereitung auf den erforderlichen Gütegrad gereinigt. Gegenwärtig befassen sich mehrere Arbeiten in unserem Wissenschaftsbereich mit der Verbesserung der Situation, von einer Optimierung möchte ich noch nicht sprechen.

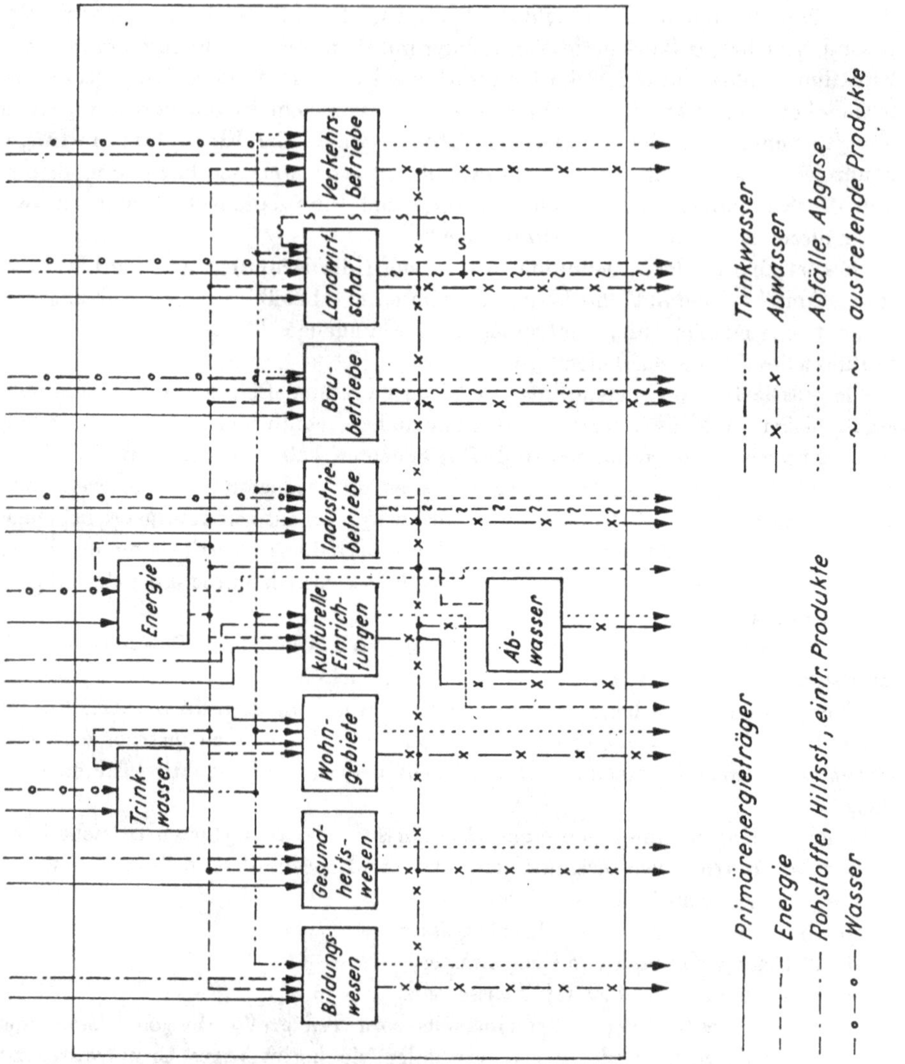

Abb. 2 . Fließschema eines territorial-technologischen Komplexes

Eine gegenseitige Beeinflussung über die Beseitigung von festen und schlammförmigen Abprodukten ist nicht vorhanden. Eine Behandlung von Abprodukten bei gegenseitiger Verflechtung existiert nicht, entsprechende Stoffströme sind nicht vorhanden. Das gemeinsame Verkippen nicht nutzbarer Abprodukte von zwei Betrieben stellt keine Kopplung mit technologischen Folgen dar.

Die durchgeführten Untersuchungen haben damit zu folgender Aussage geführt: Die Interpretation eines territorial-technologischen Komplexes als verfahrenstechnisches System entsprechend den Bedingungen der Systemtechnik ist nicht zulässig. Die erforderlichen Kopplungen durch Stoff-, Energie- und Informationsströme sind nicht vorhanden. Die in der bisherigen Untersuchung betrachteten Teilsysteme (Betriebe) sind jedoch unbedingt als verfahrenstechnische Systeme aufzufassen. Auf diese treffen die Systemdefinitionen zu, die geforderten Kopplungen sowie die technologische Orientiertheit sind vorhanden.

Das bedeutet aber nicht, daß der Begriff „System" auf einen territorial-technologischen Komplex etwa nicht angewandt werden kann. Nach Neef [17] sind „Territorialsysteme ... Großsysteme" bzw. hybride Systeme. Sie vereinigen Teilsysteme, die unterschiedlichen Formen des Zusammenhangs von Ursache und Wirkung unterliegen. Neef unterscheidet zwischen:

— Physiosphäre: Wirkung physikalischer und chemischer Gesetze;
— Biosphäre: physiologisch-biologische Gesetze sind wirksam und
— Soziosphäre: Wirkung gesellschaftlicher Gesetzmäßigkeiten.

Damit stehen wir auch nicht im Widerspruch zu den Arbeiten von Kroske und Mitarbeitern, weil sie z. B. „komplexe ökologische Auswirkungen von ökonomischen Maßnahmen" [11] untersuchen. Ich möchte ihre Bedeutung noch unterstreichen. Unsere bisherigen Untersuchungen zeigen aber erst recht, daß das Fehlen technologischer Verflechtungen absolut unbefriedigend ist und besonders auf der Basis des Volkseigentums der untersuchten Betriebe einerseits große ökonomische Reserven darstellt, z. B. für die Bereitstellung von hochwertigem Trinkwasser, als auch andererseits bezüglich allgemeiner Verbesserungen für den Umweltschutz.

Das heißt, es muß Bestandteil langfristiger Zielstellungen sein, die aus der Behandlung verfahrenstechnischer Systeme gewonnenen Erkenntnisse auf die Weiterentwicklung bestehender — z. B. bei der territorialen Rationalisierung — oder erst recht auf die Errichtung neuer territorialer Komplexe — z. B. bei der Errichtung neuer Stadtteile mit kommunalen und betrieblichen Einrichtungen — zu übertragen. Dabei denke ich besonders auch an die Verbreitung der guten Beispiele für energetische Verflechtungen zur Nutzung von Anfallwärme oder an die Nutzung auftretender kommunaler Abwässer für industrielle Zwecke zugunsten der Trinkwasserbereitstellung.

Zusammenfassend dazu möchte ich feststellen: Die territoriale systemanalytische Untersuchung hat eine Reihe von Ergebnissen gebracht bzw. auch bestehende Auffassungen bestätigt, die die Übertragbarkeit der Modellvorstellungen technologischer Systeme auf territoriale Komplexe noch eingrenzen. Das Fehlen von Kopplungen zwischen den Betrieben innerhalb eines Territoriums und mit dem Territorium stellt den historischen und entwicklungsbedingten Istzustand dar, dessen Änderung Bestandteil künftiger langfristiger und weiträumiger Entwicklungspolitik sein muß. Die Anwendung der Methodik erfolgt daher von uns zunächst konzentriert auf betriebliche Systeme. Sie stellt auch eine wesentliche Voraussetzung dar für die Fortführung der Arbeiten, um zu einer begründeten Bewertungsmethode für technologische Verfahren nach den Prinzipien der abproduktarmen und abproduktfreien Technologie als Bestandteil künftiger Standardisierungsmaßnahmen in der DDR zu kommen.

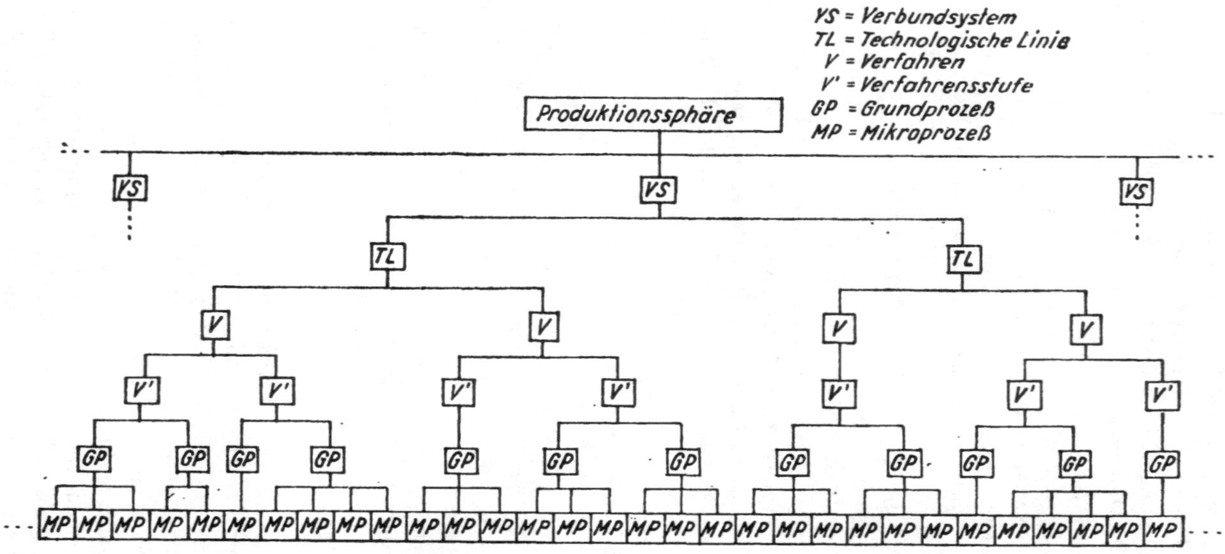

Abb. 3 Hierarchie von Systemelementen zur Realisierung der Produktion

Fragen der Bewertung gewinnen zunehmend größere Bedeutung, weil diese letztlich Grundlage für viele Entscheidungen sind. Fehlen Bewertungsmöglichkeiten, werden die Entscheidungen unsicher und sind häufig falsch. Deshalb war sicherlich der Beitrag von LOHS „Umwelttoxikologische Bewertung chemischer Erzeugnisse und ihrer Abprodukte" [12] auch und gerade dieser Problematik gewidmet.

Für die Bewertung technologischer Verfahren sind ökonomische Kennziffern wie Investitionskosten, Betriebskosten, erzielbarer Gewinn, der Arbeitskräftebedarf und die drei planungsmethodischen Kennziffern „Warenproduktion", „Nettoproduktion" und „Grundmaterialkosten pro 100,— M Warenproduktion" von entscheidender Bedeutung.

Eine technisch-technologische Bewertung vom Standpunkt der abproduktarmen und abproduktfreien Technologie soll jedoch darüber hinaus qualitative Aussagen dazu ermöglichen,

— wie die Probleme des Umweltschutzes und der Umweltgestaltung gelöst sind;
— in welchem Maße begrenzt verfügbare nicht erneuerungsfähige bzw. nur begrenzt erneuerungsfähige Ressourcen in Anspruch genommen werden;
— ob ein Verfahren vom Standpunkt der abproduktarmen und abproduktfreien Technologie vorteilhaft, bedingt vorteilhaft oder nicht vorteilhaft bzw. in Relation zu einem vergleichbaren Verfahren vorteilhafter ist oder nicht;
— welche Systemelemente (sprich Verfahrensstufen), Prozeßparameter bzw. Kopplungsbedingungen den Abprodukt- bzw. Abwärmeanfall ursächlich verursachen und
— ob die anfallenden Abprodukte und die anfallende Abwärme (in der Literatur auch als „Abfälle" und „Abfallprodukte" bzw. „Anfallenergie" und „Anfallwärme") nutzungswürdig sind.

Damit können Schlußfolgerungen über Notwendigkeit und Wege für Verfahrensverbesserungen bzw. -neuentwicklungen gezogen werden. Von entscheidender Bedeutung ist dabei die Bewertung der ein- und austretenden Stoffströme.

Folgende Ströme sind zu bewerten (s. Abb. 4):

a) Eintretende Ströme (Eingangsgrößen):

1. Natürliche Ressourcen einschließlich Energieträger, z. B. Erz, Kohle, Erdöl, Wasser, Luft, Holz;
2. Rohstoffe in Form umgewandelter natürlicher Ressourcen, Gebrauchsenergie, z. B. Stahl, Benzin, Äthylen, Elektroenergie, Heizdampf;
3. Sekundärrohstoffe, Sekundärenergie, z. B. Altpapier, Altglas, Schrott, Holzreste, Abwässer;
4. Halbfabrikate, z. B. Synthesefasern, Zellstoff, Gußrohlinge;
5. Erzeugnisse, insbesondere z. B. Maschinen, Apparate, Meßinstrumente, Rohrleitungen;

b) austretende Stoffströme (Ausgangsgrößen):

6. Erzeugnisse, z. B. Textilien, Papier, Maschinen;
7. Abprodukte, Abwärme der laufenden Produktion, z. B. Fehlchargen und Verschnitte in der Plast- und Elast-Produktion, Späne, Abwasser, Abgas;

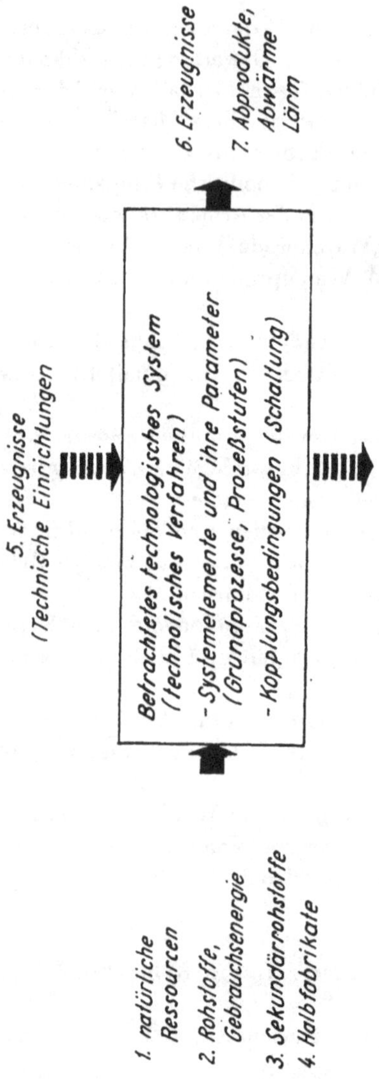

Abb. 4 Ein- und austretende Stoff- und Energieströme am betrachteten System (statt technolisches lies technologisches Verfahren)

8. Abprodukte in Form verschlissener technischer Einrichtungen, z. B. Schrott, Filtergewebe.

Dabei wird das Problem der Bewertung getrennt für folgende drei Gesichtspunkte untersucht:

— Stoffliche Nutzung begrenzt verfügbarer natürlicher Ressourcen;
— energetische Nutzung;
— Umweltschutz.

Zu allen drei Aspekten wird versucht, mit verschiebbaren Punkteskalen (bei den Stoffströmen), multiplikativen Faktoren (energetische Nutzung), Punkteskalen (beim Umweltschutz) letztlich zu einer quantitativen Bewertung zu kommen.

Diese wird ergänzt durch eine Bewertung der Systemelemente und Kopplungsbedingungen, wobei die Effektivität der Systemelemente und Kopplungsbedingungen eindeutig durch die Bewertung der ein- und austretenden Ströme des betrachteten technologischen Systems erfolgen kann. Daraus sind im Vergleich der Verfahren relative Aussagen und vom Standpunkt der abproduktarmen bzw. abproduktfreien Technologie auch absolute Aussagen möglich.

Während die bisherigen Ausführungen vor allem strategische Bedeutung für die Durchsetzung einer abproduktarmen und abproduktfreien Technologie haben, soll weiter gezeigt werden, wie neue Möglichkeiten der Anwendung naturwissenschaftlicher und ingenieurtechnischer Kenntnisse dazu beitragen können, zur abproduktarmen bzw. abproduktfreien Technologie zu kommen.

Bei meinem Beispiel gehe ich davon aus, daß das Prinzip und die Attraktivität der Membrantrennung bekannt sind. Weil zur Trennung eines fluiden Stoffgemisches keine Phasenumwandlung notwendig ist, hat dieses Wirkprinzip energiewirtschaftliche Vorteile gegenüber thermischen Trennverfahren mit gleichem oder vergleichbarem Prozeßziel.

Traditionell unterscheidet man bei der Membranfiltration zwischen der Ultrafiltration (Abtrennung relativ großer Teilchen, z. B. kolloid-disperser Stoffe, Arbeitsdrücke $< 25 \cdot 10^5$ Pa) und der Umkehrosmose (Abtrennung echt gelöster Stoffe, Arbeitsdrücke $> 40 \cdot 10^5$ Pa). Ultrafiltration und Umkehrosmose lassen sich prinzipiell mit den gleichen verfahrenstechnischen Methoden beschreiben, obwohl die Trennmechanismen unterschiedlich sind.

Wesentlichste Betriebsparameter sind der Arbeitsdruck, die Temperatur der Lösung und die Strömungsverhältnisse, die, durch die Reynoldszahl ausgedrückt, in die Sherwoodzahl eingehen.

Die semipermeable Membran ist das zentrale Element jedes Membranfiltrationsapparates. Sie verbindet die beiden homogenen Phasen „Lösung“ und „Filtrat“ und bewirkt eine selektive Trennung der Lösung. An die Membran werden folgende Grundforderungen gestellt:

- hohes Rückhaltevermögen;
- hohe Permeabilität bzw. Filtratstromdichte;
- gute thermische, chemische und mechanische Stabilität zur Gewährleistung konstanter Prozeßbedingungen.

In der Praxis widersprechen sich die Forderungen nach hohem Rückhaltevermögen und hoher Permeabilität. Der Anwender muß deshalb bei der Auswahl der angebotenen Membranen einen Kompromiß eingehen oder durch schaltungstechnische Varianten für die Prozeßführung ein Optimum suchen.

Gleichbedeutend mit der Entwicklung hochwirksamer, ökonomisch vorteilhafter Membranen ist die Konstruktion geeigneter großtechnischer Filtrationsanlagen. Die an sie gestellten verschiedenartigen Forderungen hinsichtlich der Einhaltung von

Betriebsparametern des Einsatzes der angebotenen Membranen und hoher Pakkungsdichte lassen sich in wenigen Standardtypen von Apparaten realisieren, wobei natürlich für den konkreten Einsatzfall Modifizierungen denkbar sind.

Auch und besonders bei der Zielstellung, zu abproduktarmen und abproduktfreien Verfahren zu kommen, ist eine ökonomische Betrachtung *vor* Anwendung der Membranfiltration zur Abwasserbehandlung unerläßlich, um die ökonomisch vertretbaren Grenzen der Betriebsparameter Druck, Konzentration der Abwasserinhaltsstoffe, Volumenstrom und Membranfläche festzulegen und mit den bestehenden Forderungen zu vergleichen. Folgende Fragen der Wirtschaftlichkeit, der apparativen Ausführung und des Umweltschutzes sind zu klären:

— Welche gesetzlichen Forderungen bezüglich der Abwasserreinigung bestehen?
— Welche Membranfläche und welcher Betriebsdruck sind zur Einhaltung dieser Forderung notwendig?
— Enthält das Abwasser wiederverwertbare Wertstoffe und wie hoch sind die Rückgewinnungskosten?
— Ist es möglich, die anfallenden Abwässer getrennt zu behandeln und somit die Inhaltsstoffe sortenrein zu erfassen, oder ist es erforderlich, den Prozeß stufenweise durchzuführen?
— Soll der Prozeß ein möglichst hochkonzentriertes Material und/oder ein hochreines Lösungsmittel liefern?
— Müssen teure Vor- bzw. Nachbereitungsstufen hinzugeschaltet werden, um ein hygienisch unbedenkliches Filtrat zu gewinnen?
— Führen technologische Änderungen wie Kreislaufführung oder Mehrfachnutzung zu einer besseren Verwertung des Filtrats und Konzentrats?
— Wie hoch sind die Investitions- und Betriebskosten insgesamt, und ist die Membranfiltration im vorliegenden Fall eine ökonomisch vertretbare Variante?

Den aktuellen Stand der Membranfiltration in der Abwasserreinigung veranschaulicht ein Abwasserkatalog, der auf einer Literaturrecherche basiert und als Diplomarbeit entstand. Es werden alle industriellen, bergbaulichen, landwirtschaftlichen und kommunalen Abwässer katalogisiert, die in der DDR anfallen und mittels Membranfiltration behandelt werden können. Der zusammengestellte Katalog ist nach abtrennbaren Abwasserinhaltstoffen und betroffenen Industriezweigen untergliedert.

Unter Beachtung ökonomischer Gesichtspunkte ist es jedoch beim gegenwärtigen Entwicklungsstand erforderlich, die Membranfiltration möglichst nur in solchen Fällen einzusetzen, die die rentable Rückgewinnung eines Wertstoffes bzw. den Ersatz eines energieintensiven Prozesses garantieren. Entsprechend diesem Ziel des Verfahrens erweisen sich die nachstehenden Einsatzmöglichkeiten als besonders lukrativ und am meisten praktiziert:

— Zellstoff- und Papierindustrie;
— Nahrungsgüterwirtschaft;
— Emulsionstrennung;
— Kesselspeise- und Kühlwasseraufbereitung;

— Elektrotauchlackierung;
— Kunstseidenherstellung;
— Textilindustrie (Wollwäsche, Appretur).

Weit ist die Entwicklung in der Zellstoffindustrie gediehen, wo z. B. im Zellstoffwerk Iggesund in Schweden eine Pilotanlage seit längerer Zeit erfolgreich arbeitet. Folgende Wirkungsgrade der Anlage wurden erreicht:

— BSB_7-Absenkung um 50 %;
— CSV_{Cr}-Absenkung um 70%;
— Farbreduzierung um 90%!

Die eigenen Arbeiten konzentrieren sich besonders auf Anwendungsmöglichkeiten und zu lösende Probleme der Entfernung von Ölen und Fetten aus deren wäßrigen Emulsionen.

Wobei die Bedeutung des Problems klar wird, wenn man davon ausgeht, daß der jährliche Anfall an Frischemulsion in der DDR gegenwärtig ca. 150 000 m^3 beträgt, wovon 45 000 m^3 mit einem Ölanteil von ca. 2000 t unbehandelt in die Vorfluter abgeleitet werden [19].

Dazu werden gegenwärtig Membranfiltrationslagen in Betrieben der DDR im industriellen Maßstab erprobt. Die bisherigen Ergebnisse lassen Erfolge besonders hinsichtlich der Wertstoffrückgewinnung (maximaler Ölgehalt des Konzentrats bisher 57%) und bezüglich des Umweltschutzes erwarten.

Weiterhin werden die mögliche Anwendung bei der Abtrennung von Antibiotikawirkstoffen (mit großen Schwierigkeiten verbunden), die Rückgewinnung von Eiweiß und Stärke aus Abwässern der Getreideverarbeitung und andere Anwendungsgebiete untersucht. Es besteht dabei das Ziel, für die Vielfalt der Möglichkeiten in unserem Wissenschaftsbereich ein kleines Anwenderpraktikum aufzubauen.

Außerdem laufen Arbeiten, die sich mit der Intensivierung des Stoffübergangs befassen:

— durch die Verbesserung der Strömungsbedingungen mittels Einbauten in Membranfilterapparaten mit flachem Strömungskanal;
— mittels Rotation einer scheibenförmigen Membran in ruhender Lösung und verschiedener Anströmung der rotierenden Membran;
— Anströmung einer ruhenden ebenflächigen Membran mittels rotierender Düsen.

Schließlich wird mitgewirkt an den Untersuchungen zum Einsatz der Hohlfasermembran im Institut für Polymerenchemie der AdW in Teltow-Seehof. Weitere Arbeiten sind Untersuchungen an dynamisch gebildeten, d. h. auf einer porösen Unterlage angeschwemmten Membranen gewidmet. Diese Membranen haben den Vorteil einer höheren Permeabilität, so daß vergleichsweise hohe Filtratstromdichten erzielt werden.

Die Auswahl des Additivs, d. h. des membranbildenden kolloidalen Zusatzes, wird durch die Art des abzutrennenden Stoffs wesentlich beeinflußt. Für die vorliegenden Untersuchungen wurde das relativ billige und gut verfügbare Eisen(III)-hydroxid verwendet. Ein Nachteil der Eisenoxidsole sind jedoch deren empfindliche

Eigenschaften (Thixotropie, Veränderung der Gelbildungskonzentration bei Elektrolytzugabe).

Eine Abschätzung der pro m^3 Filtrat anfallenden Gesamtkosten dynamischer Eisen(III)-hydroxidmembranen führt auf ca. 50% der für statische Membranen entstehenden Kosten, wenn eine vergleichbare Trennaufgabe zugrunde gelegt wird. Die dynamischen Eisen(III)-hydroxidmembranen sind zur Abtrennung von Salzen aus deren wäßrigen Lösungen geeignet. Die technische Anwendung erscheint insbesondere für die Abwasserreinigung und die Brauchwasseraufbereitung sinnvoll.

Schließlich werden grundlegende experimentelle Untersuchungen zu *apparatetechnischen Problemen* bei der Erstellung leistungsfähiger Membrantrenneinheiten durchgeführt mit dem Ziel, dazu beizutragen, auch in der DDR zu einer großtechnischen Fertigung entsprechender Membrantrenneinheiten möglichst schnell und mit gutem wissenschaftlichem Niveau kommen zu können.

Noch immer überwiegen zur Zielstellung der abproduktarmen und abproduktfreien Technologie Beispiele zur Verwertung der Abprodukte, meistens in Verbindung mit dem Recycling, während tatsächliche Änderungen des Verfahrens, die zur Abproduktarmut oder -freiheit führen, noch selten bleiben.

Obwohl dies für den Verfahrenstechniker nicht befriedigend ist, sollte unbedingt jede sich für eine Verwertung von Abprodukten bietende Möglichkeit ausgenutzt werden. Oft führen auch Änderungen in der Technologie zu einem anderen Abprodukt, für das dann eine Rückführungsmöglichkeit gegeben ist.

Liegen verschiedene Möglichkeiten vor, muß immer die Gesamtökonomie unter Einbeziehung von verfahrenstechnischen Bewertungsmethoden entscheiden.

Dazu eine Reihe von Beispielen aus verschiedenen Zweigen der Stoffwirtschaft. Sie zeigen zum Teil hohe ökonomische Ergebnisse, die mit ihrer Verwirklichung verbunden sein werden, zum Teil deutliche Fortschritte bei der wissenschaftlich-technischen Entwicklung. Die Beispiele zeigen aber auch eine Reihe anderer Probleme, die die Überführung behindern und die beseitigt werden sollten. Dies muß festgestellt werden, obwohl — wie eingangs schon erwähnt — z. B. eindeutige gesetzliche Grundlagen für eine zwingende Abproduktverwertung gegeben sind.

Beispiel 1

Nutzungen von Abprodukten der Ionenaustauscherproduktion (nach [1])

Im VEB Chemiekombinat Bitterfeld wurde zur Verminderung von Korrosionsschäden die neue Lackkombination „Cekarol" entwickelt. In Verbindung mit dieser Neuentwicklung ergibt sich eine effektive Verwertung des bisher nicht genutzten Über- und Unterkorns der Ionenaustauscherproduktion, des Styren-Divinylbenzen-Copolymerisats: Auf eine mit Cekarol-PS-Lackfarbe eingestrichene Fläche (Beton, Steinzeug, Holz, Rauhglas, unglasierte Keramik, Holzspanplatten) kann das feinkörnige Abprodukt aufgestreut werden. Beim Abbinden bildet sich eine feste Struktur heraus, die auch Lichtreflexionseffekte zeigt. Die so behandelten Flächen können mühelos mit Cekarol-Lack eingefärbt werden. Durch verschiedenartige Beschichtungen lassen sich auch verschiedene Färbungen realisieren.

Eine derartige Nutzung des Styren-Divenylbenzen-Copolymerisates hat folgende Vorteile:

— ein bisher nicht genutztes Abprodukt wird sinnvoll verwertet;
— durch das Lichtreflexionsvermögen der erzeugten Schicht ist eine Verwendung z. B. als Beschichtungsstoff für Verkehrsleiteinrichtungen möglich;
— durch die Möglichkeit der Versiegelung mit Cekarol-Lack ergeben sich abwaschbare Flächen;
— durch die Lösungsmittelfreiheit des Beschichtungssystems ist die Verwendung im Innenausbau möglich.

Beispiel 2
Herstellung des Schichtträgers für synthetisches Schuhmaterial „Ekraled"

Dieses Beispiel ist ein typischer Vertreter für abproduktarme und abproduktfreie Technologien, denn hier wird, nicht wie bei den im folgenden angeführten Beispielen, ein Abprodukt sinnvoll nachträglich genutzt, sondern der *Anfall* eines Abprodukts in diesem Fall durch Kreislaufführung im Verfahren *vermieden.*

In den Fließbildern sind die alte und neue Technologie gegenübergestellt. Beim rechten, neuen Verfahren ist vor dem Imprägnieren der Arbeitsschritt „Abspalten", d. h. eine Grobbeschneidung des Materials, zwischengestaltet. Der so entstandene, noch nicht imprägnierte Abspalt kann als Rohstoff wieder genutzt werden, er wird im Verfahren rezirkuliert. Der Nutzen dieses Verfahrens besteht in der Einsparung von ca. 650 000 m^2 Abspalt, d. h. jährlich von etwa 30 t Polypropylen. Das bedeutet wiederum eine Selbstkostensenkung von 300 000 M sowie zusätzlich eine Einsparung von Imprägnier-Polyurethan.

Beispiel 3
Faserrückgewinnungsanlage in der Papierindustrie

Die Papier- und Pappenindustrie gehört mit zu den größten Wasserverschmutzern. In unserem Wissenschaftsbereich wurden Untersuchungen zur Faserrückgewinnung und damit zur Abwasserentlastung durchgeführt. Das Wesen der Abwasserreduzierung besteht in der Bildung von Wasserkreisläufen. Eine vollständige Wiederverwendung des Abwassers kann jedoch nicht realisiert werden. Damit besteht die Aufgabe der Klärung, d. h. der Stoffrückgewinnung der Faserstoffe aus dem Abwasser. Die Prinzipien der Rückgewinnung können je nach Abwasserzusammensetzung z. B. die Flotation, Sedimentation, Filtration sein.

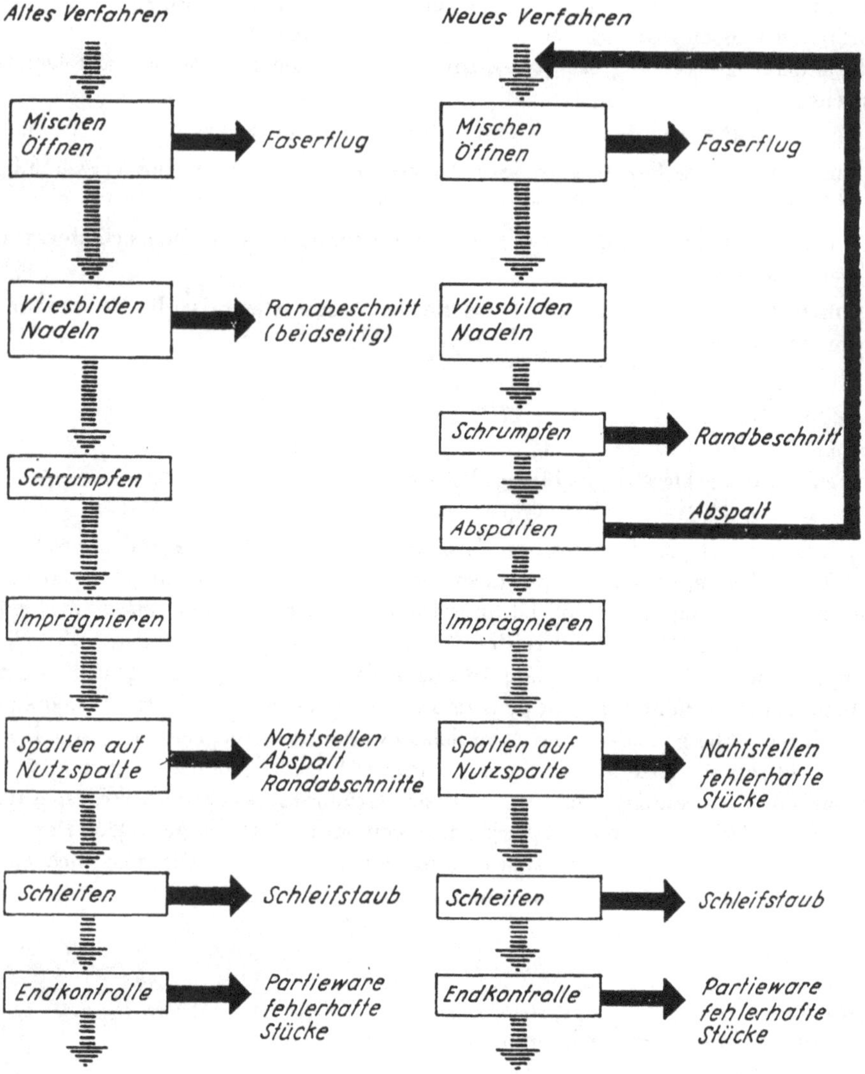

Abb. 5 Fließschemen der „Ekraled"-Produktion ohne / mit Recycling

Vorteile / Vergleich:

- nach dem alten Verfahren ca. 650 000 m² Abspalt in die Deponie,
- danach zunächst einige »halbgewalkte« Auswege (Schürzen und Behänge usw.),
- nach dem neuen, abgeänderten Verfahren: Abspalten des Schrumpfvlieses *vor* dem Imprägnieren und Recycling des Abspaltes
- Nutzen: Einsparung von 30 t/a Polypropylen und Selbstkostensenkung 300 TM Einsparung von Imprägnier-Polyurethan im Werte von 290 TM

Welche ökonomischen Vorteile durch eine verbesserte Betriebsweise der Faserrückgewinnungsanlage in einer Papierfabrik erreicht werden könnten, soll an Hand des folgenden Beispiels gezeigt werden:

- Die Nutzung von etwa 400 000 m^3 gereinigtem Abwasser im Jahr als Spritzwasser verringert die Wassernutzungskosten um etwa 17 000 M.
- Die Senkung des Feststoffgehalts im geklärten Abwasser um 250 g/m^3, die für die Wiederverwendung des Abwassers vorausgesetzt werden muß, führt zur Einsparung vo 100 t Faserstoff pro Jahr. Bei einem durchschnittlichen Rohstoffpreis von 1,20 M/kg verringern sich damit die Kosten zur Rohstoffbereitstellung um 120 000 M/a.

Beispiel 4
Wollfettgewinnung mittels Membranfiltration

Dies ist ebenfalls ein Beispiel aus der Arbeit unseres Wissenschaftsbereiches. Die beim Waschen der Schafwolle anfallende Waschlauge enthält auch Wollfett, einen wertvollen Rohstoff für die pharmazeutische Industrie. Im VEB Leipziger Wollkämmerei wird deshalb die Waschlauge nach der Wollwäsche in die Fettfabrik geschickt. Hier erfolgt eine teilweise Abtrennung des Wollfetts mittels Separatoren. Danach wird ein Teil der Waschlauge als Abwasser abgestoßen, so daß noch große Mengen an Wollfett verlorengehen.

Die Möglichkeit der weiteren Aufarbeitung der Waschlauge wurde untersucht; mittels vollständiger Separation und nachgeschalteter Membranfiltration ist weiteres Wollfett rückgewinnbar. Dadurch können zusätzlich jährlich etwa 400 t Rohwollfett bzw. etwa 200 t Neutralwollfett gewonnen werden.

Beispiel 5
Nutzung von Destillationsrückständen zur Löschschaumherstellung

Das Sumpfprodukt der Dimethylformamiddestillation, welches in den Leuna-Werken „Walter Ulbricht" in den Vorfluter, die Saale, geleitet wird, ist *ohne* Aufarbeitung zur Herstellung von Feuerlöschschaumkonzentrat geeignet und erbringt eine 100%-ige Gebrauchswerterhöhung des Konzentrats, denn mit derselben Menge Konzentrat kann die doppelte Menge Löschschaum erzeugt werden. Bei den zur Zeit kalkulierten Preisen könnte ein direkter jährlicher volkswirtschaftlicher Nutzen von etwa 600 000 M erreicht werden. Das Konzentrat wird weltmarktfähig, die Kapazität jeder entsprechenden Löscheinrichtung steigt auf das Doppelte, Transportraum, Transportenergie und Lagerkapazität könnten eingespart werden.

Beispiel 6
Aufarbeitung von Kohletrüben

In Braunkohlenwerken und Brikettfabriken fallen Kohletrüben — das sind kohlenstaubhaltige Abwässer — an. Aufgearbeitete Kohletrüben stellen wertvolle Primärenergieträger dar, während sie unbehandelt ein ernsthaftes Umweltproblem werden. Im Braunkohlenwerk Borna wurde ein sehr günstiges Verfahren entwickelt. Die kohlehaltige Trübe wird eingedickt und anschließend in einem Vakuumscheibenfilter entwässert. Der entwässerte Trübenrückstand ist energetisch verwertbar, die abgezogenen Wassermengen werden durch Kreislaufführung erneut genutzt. Damit ist die anfallende Abwassermenge um etwa 90% reduziert.

Dieses Verfahren ist zum Patent angemeldet, und die Ausarbeitung einer ECE-Dokumentation darüber wurde festgelegt.

Beispiel 7
Herstellung von Hohlblocksteinen unter Verwendung von Braunkohlenfilterasche als Zuschlagstoff

Es lassen sich Hohlblocksteine herstellen, bei denen ein Teil des Zements durch Braunkohlenfilterasche substituiert ist. Dabei lassen sich 1 t Zement durch 3 t Asche ersetzen. Für den VEB Betonwerk Riesa allein bedeutet das eine Einsparung von ca. 700 t Zement jährlich. Neben der Materialökonomie ist auch eine beträchtliche Energieeinsparung zu verzeichnen. Wenn man bedenkt, daß zur Herstellung von einer Tonne Zement 14,25 GJ Energie benötigt werden, so ergibt das auch eine Einsparung von 60 t Heizöl im Jahr für den Bedarf des o. g. einen Werkes. Außerdem ist Braunkohlenfilterasche viermal billiger als Zement.

Beispiel 8
Aufarbeitung von sperrigen eiweißhaltigen Abprodukten (Geflügelfedern, Borsten u. ä.)

In Schlachtbetrieben gibt es große Probleme mit der Beseitigung der Geflügelfedern, Borsten usf. Diese Abprodukte wurden bisher nur deponiert. Versuche zur Aufarbeitung, z. B. mittels Hydrolyse, haben bisher weltweit zu noch keinem durchschlagenden Erfolg geführt. Dies ist bedauerlich, da diese Abprodukte hochwertige Eiweiße enthalten. Diese Eiweiße könnten zur Düngung, Tierfütterung oder als Rohstoff für den Proteinlöschschaum dienen, wenn es gelänge, sie in eine verarbeitbare Form zu überführen.

Es besteht die Möglichkeit, die Federn mechanisch zu zerkleinern und unter Zugabe von eiweißabbauenden Chemikalien wie Kalk, Natonlauge oder Schwefelsäure in herkömmlichen Grünfutter- oder Strohpressen zu Pellets zu verpressen. Je nach verwendeter Chemikalie sind diese Pellets besonders zur Düngung, Verfütterung oder zur Löschschaumherstellung geeignet [5].

Um die Strategie der abproduktarmen und abproduktfreien Technologie allseitig und umfassend durchzusetzen, ist es vor allen Dingen wichtig, die naturwissenschaftlichen und ingenieurtechnischen Kader in ihrer Ausbildung entsprechend vorzubereiten. Ich bin überzeugt daß wir in Verbindung mit den gegenwärtig gültigen Studienplänen dazu eine gute Grundlage haben und daß auch die Möglichkeit besteht, entsprechend den Notwendigkeiten sehr differenziert zu lehren. Alle Ingenieure und Naturwissenschaftler, und das halte ich für den wichtigsten Teil in der Lehre, müssen in den Vorlesungen des Fachstudiums mit den notwendigen Grundlagen vertraut gemacht werden. Darüber hinaus ist eine verstärkte Ausbildung, insbesondere für die Verfahrenstechniker und andere in der Stoffwirtschaft tätige Ingenieure, durchzuführen. Dies geschieht z. B. in der Sektion Verarbeitungs- und Verfahrenstechnik der TU Dresden, in der ich lehre, durch eine gemeinsame Lehrveranstaltung Umweltschutztechnik für die Fachrichtungen Verfahrenstechnik, Textiltechnologie, Holz- und Faserwerkstofftechnik, Lebensmitteltechnik und Papiertechnik. Darüber hinaus werden weitergehende Vorlesungen für die Verfahrenstechniker gehalten. Schließlich möchte ich noch auf die Ausbildung eines Teils der Verfahrenstechniker im Rahmen einer Vertiefungsrichtung Umweltschutztechnik verweisen. Dabei wird in interdisziplinärer Form, d. h. von Ingenieuren, Medizinern und anderen ingenieurtechnischen Disziplinen insbesondere auch das notwendige Grundlagenwissen für die Gestaltung abproduktarmer und abproduktfreier technologischer Verfahren vermittelt.

Dazu möchte ich einige Beispiele aus der Lehrtätigkeit an Hand einiger Abbildungen verdeutlichen.

Für die Industriezweige gilt es, gezielte Analysen über den Stand der Arbeiten zur abproduktarmen bzw. abproduktfreien Technologie zu erstellen. Dies wird in der letzten Zeit auch zunehmend durchgeführt (vgl. [2]). Dabei geht es insbesondere um Vorstellungen, zu welchen Schwerpunkten in den nachsten Jahren am notwendigsten Forschungsarbeiten zur Verwirklichung abproduktarmer und abproduktfreier technologischer Verfahren durchzuführen sind. Interessant ist das Ergebnis einer Diplplomarbeit [13], in der schon vor einiger Zeit ein Flußlauf untersucht wurde mit allen größeren anliegenden Betrieben der Stoffwirtschaft. Dabei kristallisierten sich insbesondere drei Möglichkeiten heraus, nämlich erstens Verfahren, die beim jetzigen Stand von Wissenschaft und Technik sofort auf weitesgehend abproduktarme und -freie Technologien umzustellen sind, bei kurzer Amortisationszeit der aufgewendeten Mittel. Eine zweite Gruppe sind die Verfahren, die mit einem geringen Forschungsaufwand zur Abproduktarmut oder Abproduktfreiheit geführt werden können. Und drittens stellten wir eine Gruppe fest, für die ein größerer wissenschaftlich-technischer Fortschritt noch notwendig ist, um abproduktarme oder -freie Technologien zu schaffen. Dies mag ein Gesichtspunkt für die

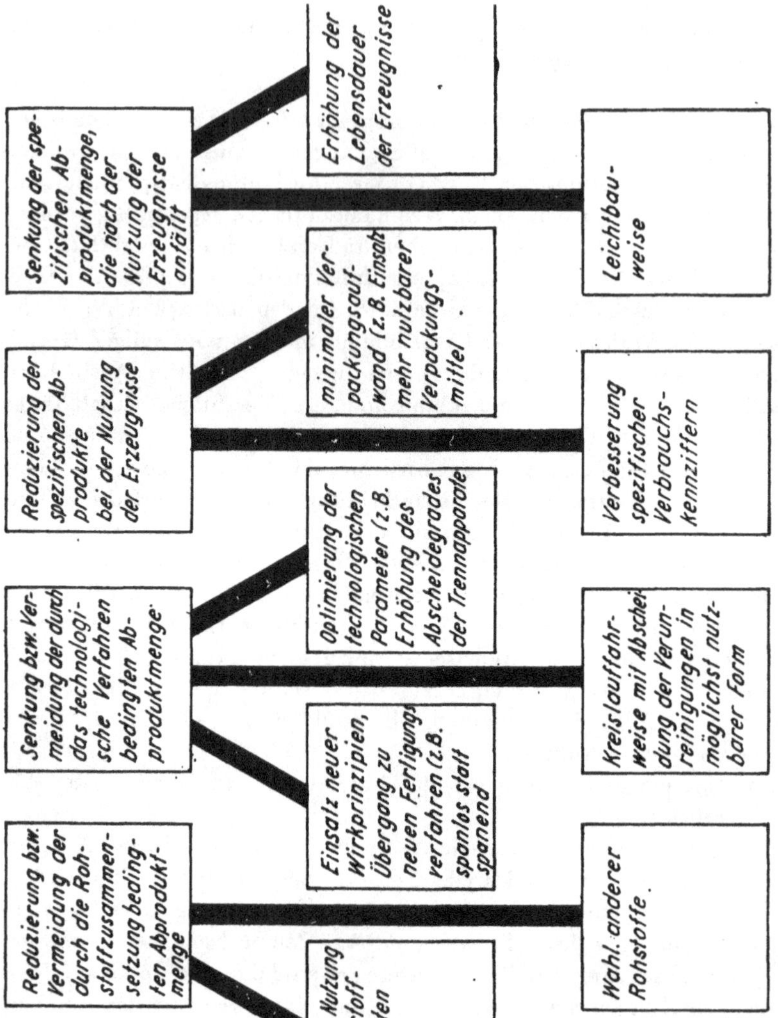

Abb. 6 Wichtige Prinzipien zur Reduzierung der Abproduktmengen bzw. zur Vermeidung von Abprodukten (statt minimaler Verpackungsaufwand lies optimaler Verpackungsaufwand)

Reihenfolge der Möglichkeiten und der Notwendigkeit sein, in einem Territorium, das durch einen Flußlauf gekennzeichnet ist, voranzukommen. Ergänzend dazu sind die Notwendigkeiten der Industriezweige und Gesichtspunkte der Toxizität für die Festlegung der Reihenfolge der Maßnahmen bestimmend.

Für besonders wichtig halte ich auch das Zusammenwirken der staatlichen und

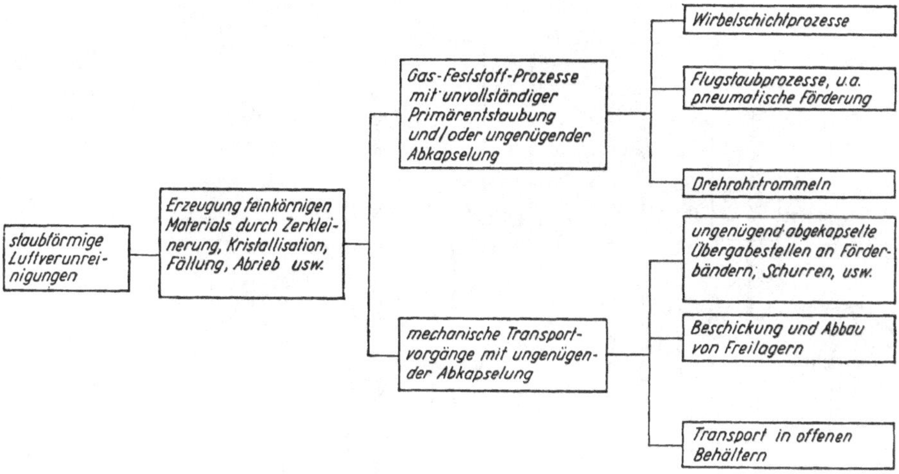

Abb. 7 Wesentliche Ursachen der Entstehung staubförmiger Luftverunreinigungen

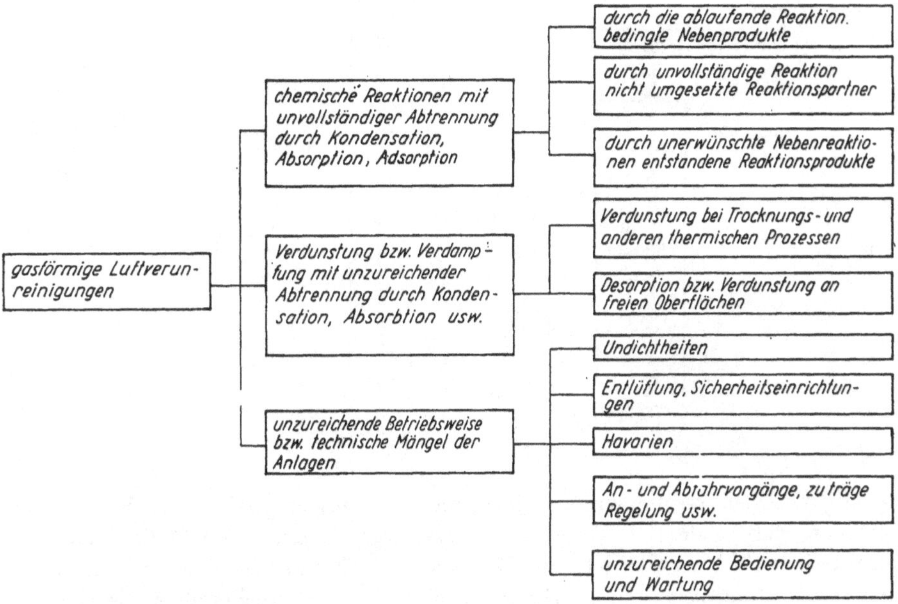

Abb. 8 Wesentliche Ursachen der Entstehung gasförmiger Luftverunreinigungen

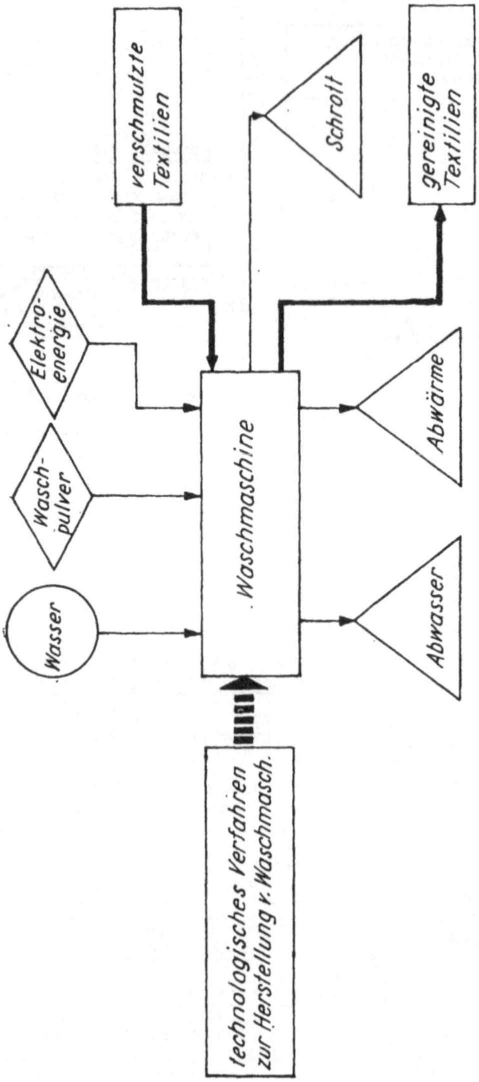

Abb. 9 Beeinflussungsmöglichkeiten der spezifischen Abproduktmenge bzw. spezifischen Energieverluste durch die Produktgestaltung am Beispiel des Produktes „Waschmaschine"

gesellschaftlichen Kräfte zur Durchsetzung der Aufgabenstellungen. Ich bin der Meinung, daß in der DDR die notwendige enge Zusammenarbeit zwischen dem Ministerium für Umweltschutz und Wasserwirtschaft und dem Präsidium der Kammer der Technik seit Jahren sehr gut praktiziert wird. Insbesondere wird damit gesichert, daß alle Vorschläge und Empfehlungen, die effektiv sind, über die staatliche Weisung zur Ausführung kommen können, und außerdem erreichen wir über die Mitwirkung der gesellschaftlichen Organisation, der Kammer der Technik, auch die notwendige Breitenarbeit und die nach wie vor erforderliche ideologische Arbeit zur Einführung abproduktarmer und -freier Technologien. Innerhalb der Ingenieurorganisation besteht eine Kommission Umweltschutz beim Präsidium der Kammer der Technik mit einer speziellen Arbeitsgruppe „Abproduktarme und abproduktfreie Technologien".

Wichtig ist besonders, daß auf der Ebene der Industriezweigministerien in Verbindung mit dem Ministerium für Umweltschutz und Wasserwirtschaft energischer die materiellen Voraussetzungen geschaffen werden, um Ergebnisse des wissenschaftlich-technischen Fortschritts zu abproduktarmen und abproduktfreien Technologien schnell, material- und energiesparend, d. h. effektiv umzusetzen.

Weiterhin bin ich der Meinung, daß noch eine Reihe von Stimuli zu schaffen sind, um diese Strategie durchzusetzen. Hierzu gehört auch das Vordringen zu den wissenschaftlichen Grundlagen für die Bewertung. Die Zielstellung wird auch in Form von Wettbewerben zunehmend unterstützt.

Für wichtig halte ich schließlich die sozialistische Arbeitsteilung zwischen den Ländern des RGW. Dazu kann festgestellt werden, daß entsprechend dem damaligen Stand der wissenschaftlich-technischen Arbeit und konkreten Festlegungen unseres Ministeriums für Umweltschutz und Wasserwirtschaft in Übereinstimmung mit den Industriezweigministerien schon 1976 das erste Symposium des RGW überhaupt in der DDR in Dresden durchgeführt wurde. In diesem Jahr wird im Rahmen eines gemeinsam vom RGW und den Ingenieurorganisationen sozialistischer Länder organisierten Symposiums Bericht über das in fünf Jahren Geschaffene gegeben. Weitere Festlegungen erfolgen dabei für die künftige Arbeit.

Schließlich möchte ich noch auf die hohe politische Bedeutung der Aufgabenstellung im Sinne der Friedenspolitik der sozialistischen Länder hinweisen. Wenn man die Bedingungen zur Umsetzung abproduktarmer und abproduktfreier Technologien betrachtet, so ist die sozialistische Gesellschaftsordnung eine sehr gute Voraussetzung, um die Zielstellung durchzusetzen. Dies gilt in vielerlei Hinsicht, besonders ausgehend von der Erkenntnis, daß große Produktionseinheiten, große Territorien, speziell in Verbindung mit der Rückführung von Abprodukten, für effektive Lösungen besser geeignet sind als vergleichbar kleinere Einheiten.

Die DDR war mit ihren Anstrengungen zur Durchsetzung abproduktarmer und -freier Technologien deshalb auch von Anfang an maßgeblich beteiligt, die notwendigen Arbeiten bei der Europäischen Wirtschaftskommission (ECE) zu unterstützen, die ebenfalls im Jahr 1976 die ersten größeren Veranstaltungen dazu durchführte. Ein Höhepunkt dieser internationalen Bemühungen stellte die Umweltschutzkonferenz 1979 in Genf dar. Diese Konferenz galt als eine der Maßnahmen, die in Helsinki beschlossen wurden, und behandelte zum Thema Umweltschutz besonders zwei Themen: die grenzüberschreitenden Luftverunreinigungen und die abproduktarmen und abproduktfreien Technologien.

Wesentliche Ergebnisse dieser Konferenz sind:

Erstens eine Absichtserklärung zum Schutz von Mensch und Umwelt.

Zweitens die Zielstellung, abproduktarme und abproduktfreie Technologien und die Sekundärnutzung der Abprodukte zu verbinden mit dem Umweltschutz und der rationellen Nutzung der Ressourcen.

Drittens werden Wege und Mittel der abproduktarmen und -freien Technologie festgelegt und insbesondere dazu nationale und internationale Aktivitäten zur Durchsetzung der abproduktarmen und abproduktfreien Technologie vorgeschlagen, und zwar im Rahmen der ECE, der Bildung, der sozialökonomischen Maßnahmen und des Technologietransfers.

Viertens wird insbesondere die Entwicklung abproduktarmer bzw. abproduktfreier technologischer Verfahren für die Industriezweige Zellstoff/Papier, Eisen/Stahl, Chemie, Bergbau, Nichteisenmetallurgie, für die galvanische Industrie, die Düngemittelindustrie und die Nahrungsgüterwirtschaft gefordert. Dabei wird besonders auf die Notwendigkeit einer verstärkten Öffentlichkeitsarbeit, die Untersuchung sozialer und ökonomischer Folgen der abproduktarmen und -freien Technologien, auf das notwendige interdisziplinäre Zusammenwirken verschiedener Industriezweige und die Aufnahme der Problematik der abproduktarmen bzw. abproduktfreien Technologien in alle Bildungsvorhaben hingewiesen.

Fünftens werden in großem Umfang gemeinsame internationale Maßnahmen gefordert, z. B. die Durchführung internationaler Pilotprojekte, die Weiterführung der Arbeiten zum Vergleich und der Bewertung verschiedener technologischer Verfahren (daran ist die DDR maßgeblich beteiligt), die Ausarbeitung einer einheitlichen Abproduktklassifizierung und andere Maßnahmen.

Und schließlich wird *sechstens* empfohlen, im Rahmen der Europäischen Wirtschaftskommission eine ständige Einrichtung zu schaffen, die sich mit organisatorischen, wissenschaftlichen und technischen Fragen zum Gebiet der abproduktarmen und abproduktfreien Technologien befaßt. Sie soll besonders verantwortlich sein für den Informationsaustausch, die Veröffentlichung wissenschaftlicher und technischer Materialien, die Ausarbeitung von Empfehlungen für ECE-Mitgliedsländer zu Fragen der abproduktarmen und abproduktfreien Technologie unter Beachtung des Umweltschutzes und sozialer und ökonomischer Faktoren.

Mit dieser hohen Einordnung in politische Zusammenhänge und mit der Erwartung, gezeigt zu haben, daß die Ingenieure in der DDR ähnlich wie beim Arbeitsschutz auch beim Umweltschutz durch Gestaltung der Technologie große Anstrengungen unternehmen, um zu fortschrittlichen Lösungen zu kommen, die den Menschen schützen und Gesichtspunkten volkswirtschaftlicher Effektivität entsprechen, möchte ich abschließen.

Literatur

[1] Artikel: Neues, vielseitig anwendbares Beschichtungssystem „Cekarol" auf Polystyrenbasis aus dem VEB Chemiekombinat Bitterfeld. In: Chemische Technik 3/81, S. 156.

[2] ASPERGER, K.: Abfallarme Technologie — strategische Hauptrichtung des Umweltschutzes in der chemischen Industrie der DDR. In: Ebenda, 9/80, S. 446—448.

[3] BEAVEN, M.: The basis of systems engineering. In: British Chemical Engineering, 11, H. 3, 194, (1966).
[4] Offizielles Material der DDR, übergeben zum Umweltkongreß in Genf 1979.
[5] GÄRTNER, W., W. RICHTER, W. KNOBLOCH, M. KLOTZSCHE: Verfahren zur industriellen und landwirtschaftlichen Nutzung von keratinhaltigen Abfällen, Amt für Erfindungs und Patentwesen Berlin, Berlin 1976, Patentschrift Nr. 124 492.
[6] HONECKER, E.: Bericht des Zentralkomitees der Sozialistischen Einheitspartei Deutschlands an den X. Parteitag der SED. Berlin 1981, S. 51.
[7] KAFAROV, V. V.: Introductory report: Zu: Concepts and Principles of Non-waste Technology, ECE-Seminar „Non-waste Technology and Production", Paris 1976.
[8] Ebenda, S. 13.
[9] KEIL, G., W. FRIEDRICH, P. GROSSMANN, H. KLARE: Beiträge und Aufgaben der chemischen Technologie bei der verbesserten Nutzung der Rohstoffe. In: Chemische Technik 10/80, S. 501—506.
[10] Wörterbuch der Terminologie im Umweltschutz in sieben Sprachen. Országos Pedagógiai Intézet, Budapest 1979, S. 22.
[11] KROSKE, H., I. KRÜGER-UHLEMANN, H. SCHIEFERDECKER, H.-D. NAGEL: Erarbeitung theoretischer und methodologischer Grundlagen zur Einschätzung komplexer ökologischer Auswirkungen von ökonomischen Maßnahmen und Entwicklungen in der DDR. AdW der DDR, Institut für Geografie und Geoökologie, Bereich ökologisch-ökonomische Systeme.
[12] LOHS, Kh.: Umwelttoxikologische Bewertung chemischer Erzeugnisse und ihrer Abprodukte. In: Sitzungsberichte der AdW der DDR, 15/N (1980).
[13] MEINHARDT, L.: Reinhaltung der Zwickauer Mulde. Dresden 1973, Technische Universität, Sektion Verarbeitungs- und Verfahrenstechnik, Diplomarbeit Nr. 617.
[14] Ministerrat der DDR: Sechste Durchführungsverordnung zum Landeskulturgesetz — Nutzbarmachung und schadlose Beseitigung von Abprodukten. Gbl. Teil I, Nr. 39, vom 14. 10. 1975.
[15] Ministerrat der DDR: Verordnung zur umfassenden Nutzung von Sekundärrohstoffen. Gbl. Teil I, Nr. 2, vom 14. 1. 1981.
[16] MITTAG, G.: Direktive des X. Parteitages der SED zum Fünfjahrplan für die Entwicklung der Volkswirtschaft in der DDR in den Jahren 1981 bis 1985. Berlin 1981, S. 20.
[17] NEEF, E.: Analyse und Prognose von Nebenwirkungen gesellschaftlicher Aktivitäten im Naturraum. In: Abhandlungen der SAW Leipzig, Math.-nat. Klasse, Band 54, H. 1, 1979.
[18] STOPH, W.: Direktive des X. Parteitages der SED zum Fünfjahrplan für die Entwicklung der Volkswirtschaft der DDR in den Jahren 1981 bis 1985. Berlin 1981, S. 13.
[19] WEIDEL, D.: Emulsionsspaltung. Kammer der Technik, Bezirksverband Karl-Marx-Stadt, Bezirksfachausschuß Schmierungstechnik, Karl-Marx-Stadt 1978, S. 2.
[20] Statistisches Jahrbuch der DDR 1980. Berlin 1980, S. 128, Tabelle VII/23.
[21] Die Hauptrichtungen der wirtschaftlichen und sozialen Entwicklung der UdSSR für die Jahre 1981—1985 und für den Zeitraum bis 1990. XXIV. Parteitag der KPdSU. In: Presse der Sowjetunion, Heft 8/81, S. 279.

Kolibri 360 GmbH
Ferdinand-Jühlke-Straße 7
99095 Erfurt, Deutschland
produktsicherheit@kolibri360.de